Lieferung 18 Preis 1 Mark
Gesamtpreis des Werkes gebunden 25 Mark

DIE ZEICHENKUNST

METHODISCHE DARSTELLUNG DES GESAMTEN ZEICHENWESENS

UNTER MITWIRKUNG
VON
A. ANDĚL, LUDWIG HANS FISCHER, M. FÜRST, O. HUPP, A. KULL, KONRAD LANGE, A. MICHOLITSCH, ADOLF MÖLLER, PAUL NAUMANN, F. REISS, A. v. SAINT-GEORGE, KARL STATSMANN, R. TRUNK, J. VONDERLINN UND HERMANN WIRTH

HERAUSGEGEBEN
VON

KARL KIMMICH

ZWEITE
VERBESSERTE UND VERMEHRTE AUFLAGE

MIT 1157 ABBILDUNGEN IM TEXT
UND 60 TAFELN IN FARBEN- UND LICHTDRUCK

23 LIEFERUNGEN à 1 MARK UND 2 EINBANDDECKEN à 1 MARK
KOMPLETT IN 2 ORIGINALLEINENBÄNDEN 25 MARK

LEIPZIG
G. J. GÖSCHEN'SCHE VERLAGSHANDLUNG

Auch diese Arbeit verlangt kräftige Formen mit breiten Konturen und kleinen Zwischenräumen. Die Formen, welche den äußeren Rand beziehungsweise die Zacken der Spitze bilden, dürfen nicht, wie innen, durch brides verbunden werden, sondern müssen so aneinander stoßen, daß außen eine kräftige, fortlaufende Kontur gebildet wird; oder (wie in Fig. 924: Kragen in Venezianerspitze) so, daß als Abschluß ein gleichmäßiges schmales Band dient, welches nach außen reich mit zierlichen Bogen aus Festonstichen und picots versehen ist.

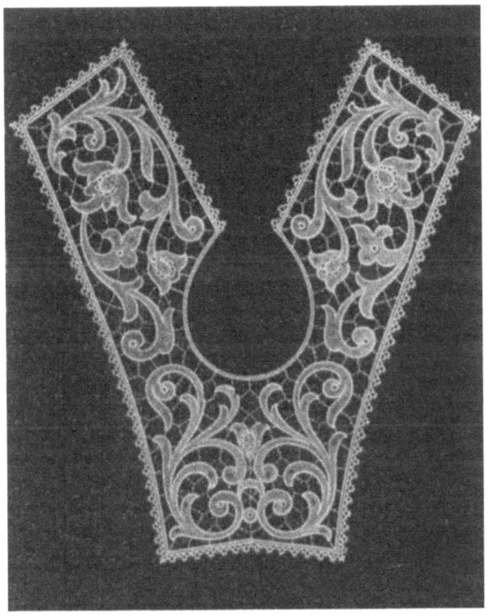

Fig. 924.

Das Muster wird auf weißes Papier gezeichnet, der Grund dunkel gemalt, um den Eindruck einer farbigen Unterlage zu gewinnen. Die Konturen, brides und sonstigen Verzierungen werden mit Deckfarben aufgesetzt.

s) Die spanische Spitze.

(Broderie d'Espagne.)

Diese äußerst dekorativ wirksame Spitze wird in den Formen und Raumverhältnissen ähnlich wie die Venezianerspitze gehalten. Nur kann die spanische Spitze auch in feinem Material ausgeführt werden, weswegen auch viel zierlichere Formen am Platze sind.

Die Umrandung der spanischen Spitze geschieht mittels zweier nebeneinanderliegender Goldschnüre, welche mit weiten Festonstichen der Kontur gemäß aufgenäht werden, so daß die Goldschnürchen sichtbar sind zwischen den Stichen.

Bei jedem größeren Zwischenraum ist eine Verbindung mit der nächsten Form durch eine Schlinge (picot) herzustellen, welche mit dem einen der beiden Goldfäden gebildet wird.

Auf der Zeichnung sind diese Schlingen nur mit einer Linie (als Verbindungsstäbchen) zu markieren (vgl. Fig. 925).

Die spanische Spitze wird entweder auf Nanking (Inlett) oder auf Atlas gearbeitet; im ersteren Falle müssen die Formen ganz bestickt werden, im letzteren kann der Atlas zu sehen sein. Wenn die Festonierarbeit vollendet ist, werden die Formen mit Zierstichen aus Seide, Flachstickerei, Goldbouillon usw. dicht oder leicht, je nach dem Grundstoff, ausgenäht.

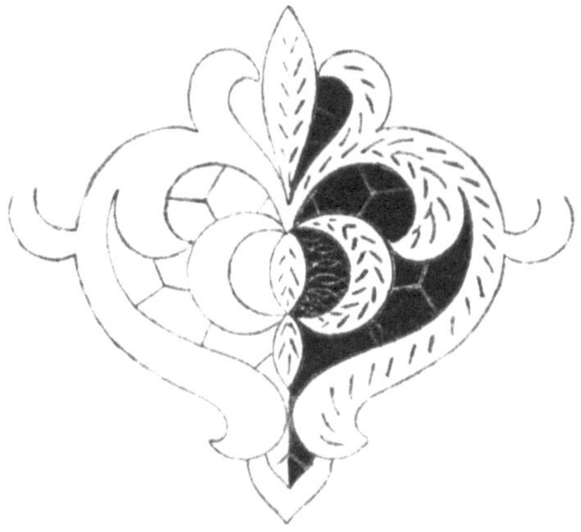

Fig. 925.

Man kann sie in einer Farbe halten, in welchem Falle vieil or oder grau am schönsten wirken, oder mit mehreren Farben Zierstiche oder Flachstickerei anwenden.

Ist die Arbeit vollendet, so wird sie mit der rechten Seite auf ein Brett mit Heftnägel fest aufgespannt, auf der Kehrseite mit aufgelöstem Tragant bestrichen, und wenn getrocknet, wird der Grundstoff zwischen den Formen ausgeschnitten.

XIV

Das Landschaftszeichnen

Von

Ludwig Hans Fischer

Unter allen Künsten ist die selbständige Landschaftsmalerei die jüngste und eigentlich eine Kunst des Nordens. Zu eigentlicher Landschaftsmalerei ist es im Italien der Renaissance noch nicht gekommen; sie war den Niederländern vorbehalten. Ihre Begründer sind Rembrandt, Van Goyen und vor allem Ruisdael und Hobbema, ihnen folgen in der Periode der „klassischen" Malerei die Franzosen C. Poussin und Claude Lorrain.

Die älteren deutschen Landschafter unseres Jahrhunderts, Swaneweldt, Koch, Rottmann, Preller haben sich an die klassische Malerei gehalten und die Zeichnung, die Linienführung zu sehr auf Kosten der eigentlichen Malerei betont.

Und doch liegt es in der Natur der Landschaft, daß Linie und Ton stets miteinander gehen; eine Landschaft, welche nur auf das Lineament gezeichnet ist, wird nie eine gute Landschaft als Gemälde.

Jene Maler haben es zwar meisterhaft verstanden, ihre Landschaften in den schönsten Linien zu zeichnen; nachdem sie aber diese gezeichneten Entwürfe zu malen begannen, zeigten sich die großen Mängel.

In jeder Linie lag ein Stück Poesie, sie führten das Auge langsam hinaus bis in die weiteste Ferne; man folgte ihnen mit Vergnügen und labte sich an der harmonischen Verbindung eines Teils der Landschaft mit der anderen. Und doch — wenn es ans Malen ging, zerrann der ganze Reiz: es fehlte der Ton, die Stimmung.

Rembrandt und Ruisdael dagegen hatten malerisch gedacht, bei ihnen mußte sich die Linie dem malerischen Gesamteffekt unterordnen.

Soll also die Zeichnung einer Landschaft einen malerischen Effekt hervorbringen, so muß ihr eine malerische Idee zugrunde liegen; die kleinste Skizze muß bereits auf den Ton angelegt sein, stets muß in der Ausführung die ursprüngliche Idee festgehalten, das Detail streng dem Ganzen untergeordnet werden. (Tafel XXXXV, XXXXVII, XXXXVIII, XXXXIX.)

Eine Skizze kann absichtlich sehr flüchtig entworfen sein, so daß man kaum noch unterscheiden kann, ob ein dunkler Fleck einen Baum oder ein Gebäude darstellen soll, und doch macht das Ganze schon eine malerische Bildwirkung (Fig. 933), wenn sie nach obigen Gesichtspunkten gefertigt ist. Auf Grund dieser Skizze werde ich leicht eine wirkungsvolle Zeichnung machen können, ich kann ja leicht den angedeuteten Baum ausführen, ich kann im Vordergrund was immer für reizende Details anbringen und den Hintergrund, die Ferne, nach Belieben ausstatten, ich kann einen See, eine Stadt in der Ferne erblicken lassen: das Ganze wird dadurch nicht leiden, es wird nur reicher und besser werden.

So, aber nur so kann das Zeichnen von Landschaften dazu dienen, eine Vorarbeit, ein Vorstudium für die Malerei zu sein.

Maßstab und Strichführung.

Es ist ein Irrtum, zu glauben, eine Zeichnung sei nur gut, wenn sie „schön" gezeichnet ist, worunter man meistens versteht, daß sie recht nett und reinlich durchgeführt ist. Vielmehr ist die Hauptsache, daß die Zeichnung richtig ist, sie mag gemacht sein, wie sie will.

Man gewöhne sich daran, nicht allzu klein und mit hartem Bleistift zu zeichnen! Anfänger lieben dies, weil sie dadurch bald etwas zuwege bringen, was dem Nichtkenner in die Augen sticht; wer aber etwas Gründliches zuwege bringen will, der zeichne jeden Gegenstand in der Größe, daß alle Details, welche das Objekt enthält, noch sichtbar werden. Nur nicht damit beginnen, die Details zu zeichnen; die kommen zuletzt.

Übrigens kommt natürlich alles auf den Zweck einer Zeichnung an. Zeichnungen im Skizzenbuch, welche oft nur zu einem bestimmten Zweck gemacht oder nur der Schnelligkeit halber so klein gezeichnet werden, da sie Gegenstände darstellen, welche nicht stille halten, werden ganz anders aussehen als eine Studie im wahren Sinn des Wortes. Wo es die Zeit erlaubt, soll man, so lange man des Studiums halber zeichnet, in größerem Format arbeiten und womöglich die Studie in Zeichnung und Ton bis aufs äußerste vollenden.

Es ist ganz gleichgültig, in welcher Weise hierbei mit dem Bleistifte oder irgend einem anderen Material verfahren wird. Nur muß die Strichführung stets der Form des Objekts nachgehen. Ich werde z. B. ein altes Holzbrett, auf welchem man die Längsfaserung des Holzes deutlich sieht, nicht durch entgegengesetzte Linienführung darstellen, ebenso wie ich mich bestrebe, einen runden Gegenstand stets durch runde Strichführung und einen kantigen Gegenstand durch geradlinige Strichführung auszudrücken. Das Zeichnen in sogenannten Strichlagen — sich schräg kreuzenden Linien — ist gänzlich zwecklos.

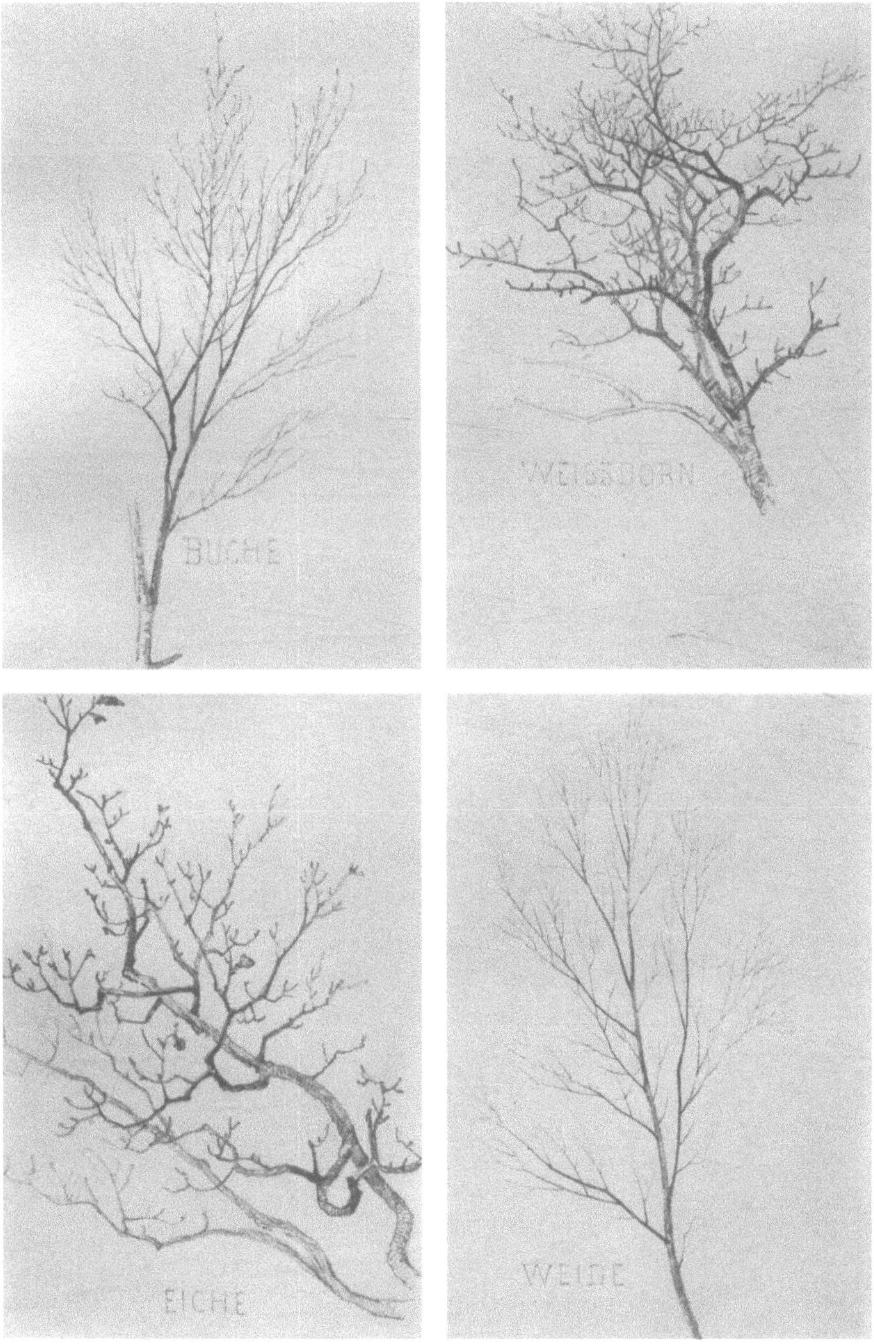

L. H. Fischer: Baumstudien.

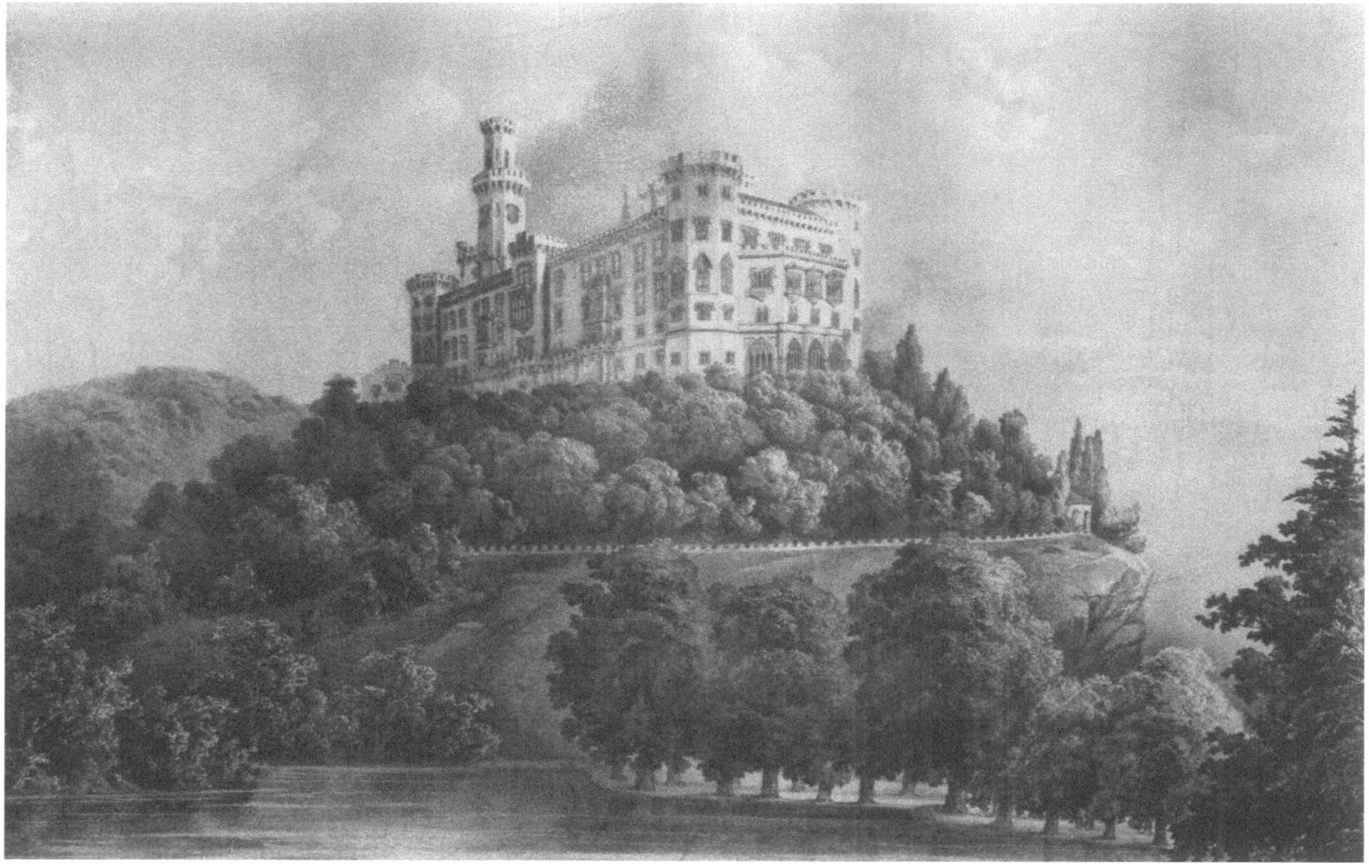

K. Kimmich: Schloss Frauenberg in Böhmen.

Linie und Ton in der Zeichnung.

Alles, was in der Natur eine bestimmte Form hat, läßt sich durch Linien umschreiben (Kontúr). Wenn solche Linien in der Natur auch nicht vorhanden sind, lassen sie sich doch in der Landschaft häufig erkennen, und unser Auge wird durch sie oft erst zur richtigen Erkenntnis der Lage und Entfernung der einzelnen Objekte geführt. Wer die Natur beobachtet, sieht: wie die Gebirgszüge in langgezogenen Linien in die Ebene übergehen, wie in der Ebene sich einzelne Linien überschneiden oder sich perspektivisch nach dem Horizont verjüngen oder zusammenschieben. Man kann eine Landschaft so in Linien zerlegen, daß man die ganze Zeichnung derselben vor sich hat, ohne viel Schattierung anzubringen (Fig. 926); es ist auch von Nutzen, ab und zu in dieser Weise zu zeichnen, da man hierbei am besten den Zusammenhang der einzelnen landschaftlichen Objekte zum Ausdruck bringen lernt. Jedoch sei hier vor Übermaß gewarnt, weil man eine Landschaft von diesem einseitigen Standpunkte durchaus nicht auffassen soll.

Eine vollkommene Zeichnung aber soll eigentlich ein „Gemälde in Schwarz und Weiß" sein (Tafel XXXXV), daher müssen hier alle Objekte in ihrem richtigen Ton dargestellt werden. Unter „Ton" versteht man hier die Nuancierung in Schwarz, der Farbe entsprechend, welche der natürliche Gegenstand hat oder durch gegebene Beleuchtung zu haben scheint. Es gilt also die Übersetzung der Farbe in Schwarz und Weiß.

Zeichnet man also eine Landschaft nach der Natur, so muß man die Farbentöne genau abwägen und durch verschiedene Nuancen von Schwarz ausdrücken.

Es ist daher ungemein wichtig, daß man beim Zeichnen eines Objektes oder einer Landschaft genau darauf acht habe, wo das stärkste Licht, wo die größte Dunkelheit ist.

Anfängern, die nach der Natur zeichnen, möchte ich empfehlen, vorerst Gegenden zu zeichnen, die nicht zu reichhaltig in der Farbe sind. Dies erreicht man am besten dadurch, daß man Landschaften bei grauer, womöglich nebliger Luft zeichnet. Hier beirrt uns die Farbe weniger, der Nebel trennt die einzelnen Objekte voneinander, und man wird sich über die Entfernungen der Objekte voneinander klarer, als oft bei heller, sonniger Luft. An Rembrandts Radierungen kann man sehen, wie Gegenstände in der Natur zu trennen sind, und welche herrliche Perspektive man durch die richtige Behandlung der Töne hervorbringt.

Manche behaupteten, die größte Tiefe der Töne liege im äußersten Vordergrunde und schwäche sich von hier nach dem Horizonte ab. Es mag solche Fälle geben; in der Regel aber ist der stärkste, ausgiebigste Ton in der Landschaft beiläufig im ersten Drittel derselben zu suchen (vom Rahmen des Bildes gegen den Horizont zu gerechnet). Denn Licht und Schatten verteilen sich in der Landschaft so, daß im Vordergrunde (eine gleichmäßige Beleuchtung vorausgesetzt) sich das stärkste Licht und die stärksten Schlagschatten finden; im Mittelgrunde schwächt sich das Licht etwas ab, die Schatten wirken aber breit und voll, weil sie nicht wie im Vordergrunde durch Reflexe zum Teil wieder aufgehellt werden. Im Hintergrunde ist das Licht bereits so schwach und die Schatten durch die dazwischenliegende Luft so aufgehellt, daß sie nahezu gleichwertig werden. Man wird z. B. bei weit entfernten Bergen zwischen den Licht- und Schattenflächen nur noch einen Unterschied in der Farbe, kaum mehr im Tone erkennen.

Die Wirkung der Luftschichten auf die Landschaft (indem sie die entfernteren Gegenstände je nach ihrer Entfernung mehr oder weniger duftig erscheinen lassen) nennt man „Luftperspektive".

Diese allgemeinen Regeln können übrigens durch abnorme Beleuchtungen nahezu umgestoßen werden. Eine Wolke, die ihren Schatten über einen Teil der Landschaft wirft, ein Sonnenuntergang oder die mannigfaltige Beleuchtung einer Wasserfläche bringen Störungen hervor, die so interessant sind, daß ihre Beobachtung zu den Hauptaufgaben des Malers gehört. Diese abnormen Beleuchtungseffekte machen eben die „Stimmungen der Landschaft" aus.

Die Natur, an sich leblos, erhält Seele erst durch die „Stimmung", welche den unscheinbarsten Gegenstand, die monotonste Landschaft mit einem Zauber umgibt, der uns begeistert. Diese Stimmungen machen besonders den Reiz der englischen und holländischen Landschaft aus. Es ist bezeichnend, daß der Norden durch seine wechselvollen Stimmungen malerisch weit interessanter ist, als der Süden mit seinem „ewig blauen Himmel", wo zumeist die Form, das starke Licht und die starken Farben zum Ausdrucke gelangen. Ein Maler des Nordens, der zum erstenmal in den Süden kommt, steht oft ratlos da, weil er ganz neue, ungeahnte malerische Bedingungen vorfindet.

Die Wahl der Technik (Bleistift, Kreide, Tusche, Kohle oder Feder) richtet sich nach dem Stoffe, dem Zwecke und der Größe der Zeichnung. Für Zeichnungen nach der Natur ist wohl der Bleistift das brauch-

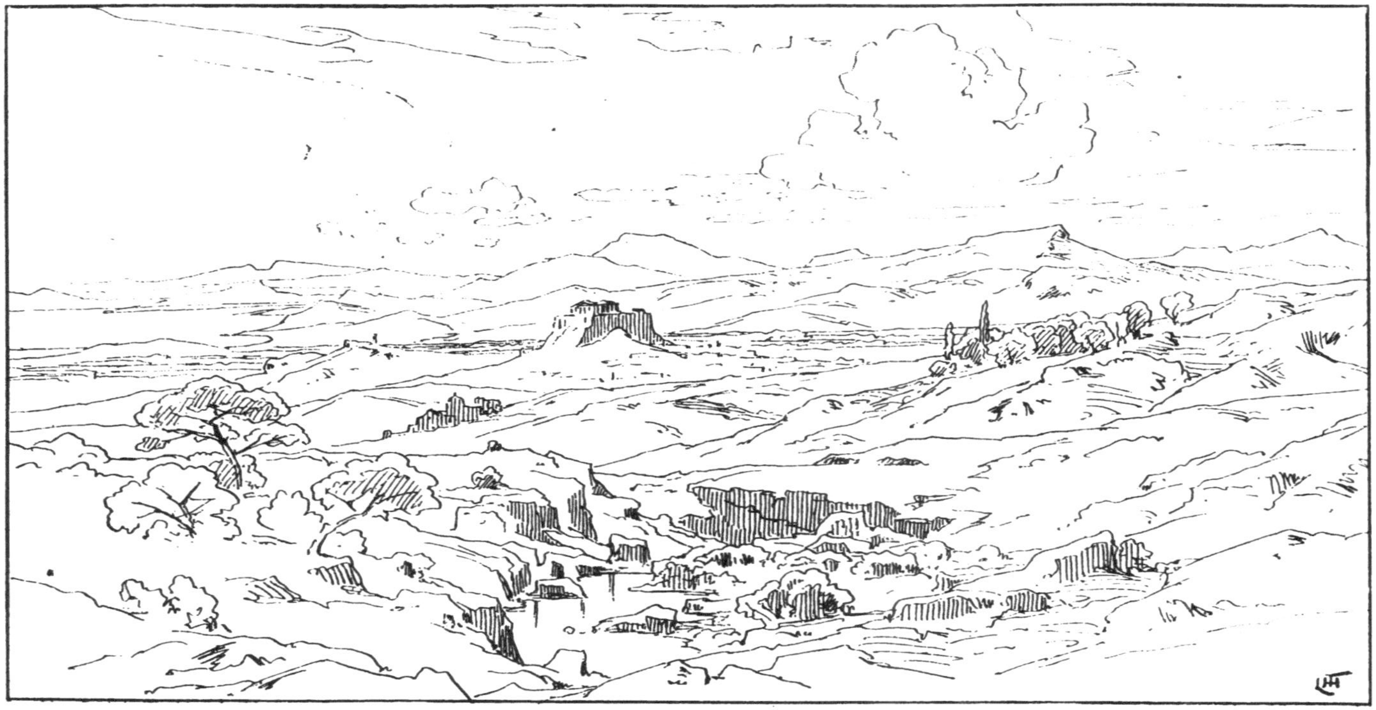

Fig. 926. Die Ebene von Attika (Landschaft in Linien gezeichnet).

barste Material (Fig. 931 und Tafel XXXXVIII), während die Kohle für größere Entwürfe sehr geeignet ist; diese hat einen ganz eigenen Reiz und kommt in ihrer Wirkung der Malerei am nächsten. Bei der Kreide (Tafel XXXXV) sind Korrekturen sehr schwierig.

Federzeichnen (Fig. 927) ist Anfängern sehr zu empfehlen, jedoch nicht so, daß man als Vorlage einen Kupferstich nimmt und in allen seinen Strichlagen sklavisch kopiert.

Federzeichnungen vor der Natur eignen sich vorzüglich für Detailstudien, weil man mit der Feder den feinsten Details und der Struktur der Körper nachgehen kann, wie mit keiner anderen Technik. Man

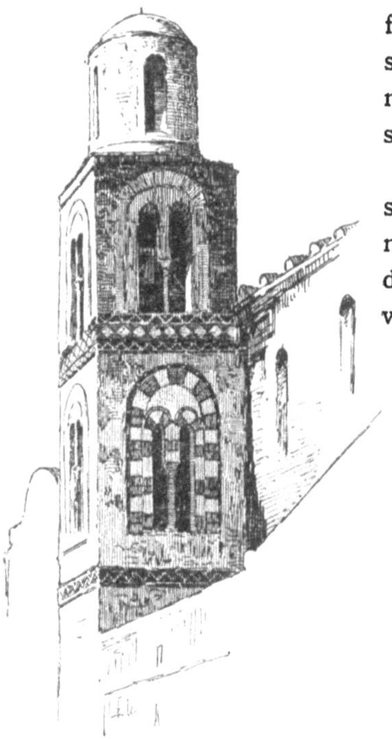

Fig. 927.

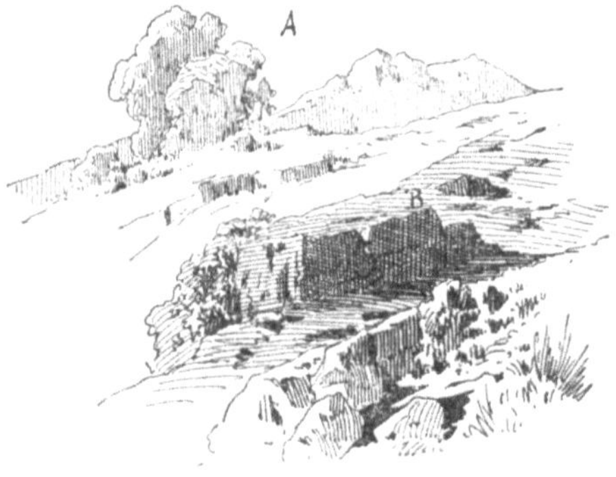

Fig. 928.

kann dazu verschieden starke Federn anwenden, um durch die verschiedenen Dicken der Striche die Töne besser voneinander zu trennen. Nur sind bei Federzeichnungen möglichst wenig Kreuzlagen anzubringen, namentlich ferne Gegenstände nur durch eine senkrechte Strichlage hervorzubringen, wie in Figur 928 bei A. Bei sehr dunklen Stellen dürfen starke Striche nicht zu nahe zusammenkommen, sonst könnten dieselben zusammenfließen. Nur in äußerst seltenen Fällen erlaube man sich, ganze Flächen voll schwarz zu machen, wie in unserem Bilde die Schlagschatten im Vordergrunde. Will man einen Gegenstand ganz oder teilweise in Schatten legen, so genügt in der Regel eine einmalige Überschraffierung mit einer feinen Strichlage, vorausgesetzt daß die erste

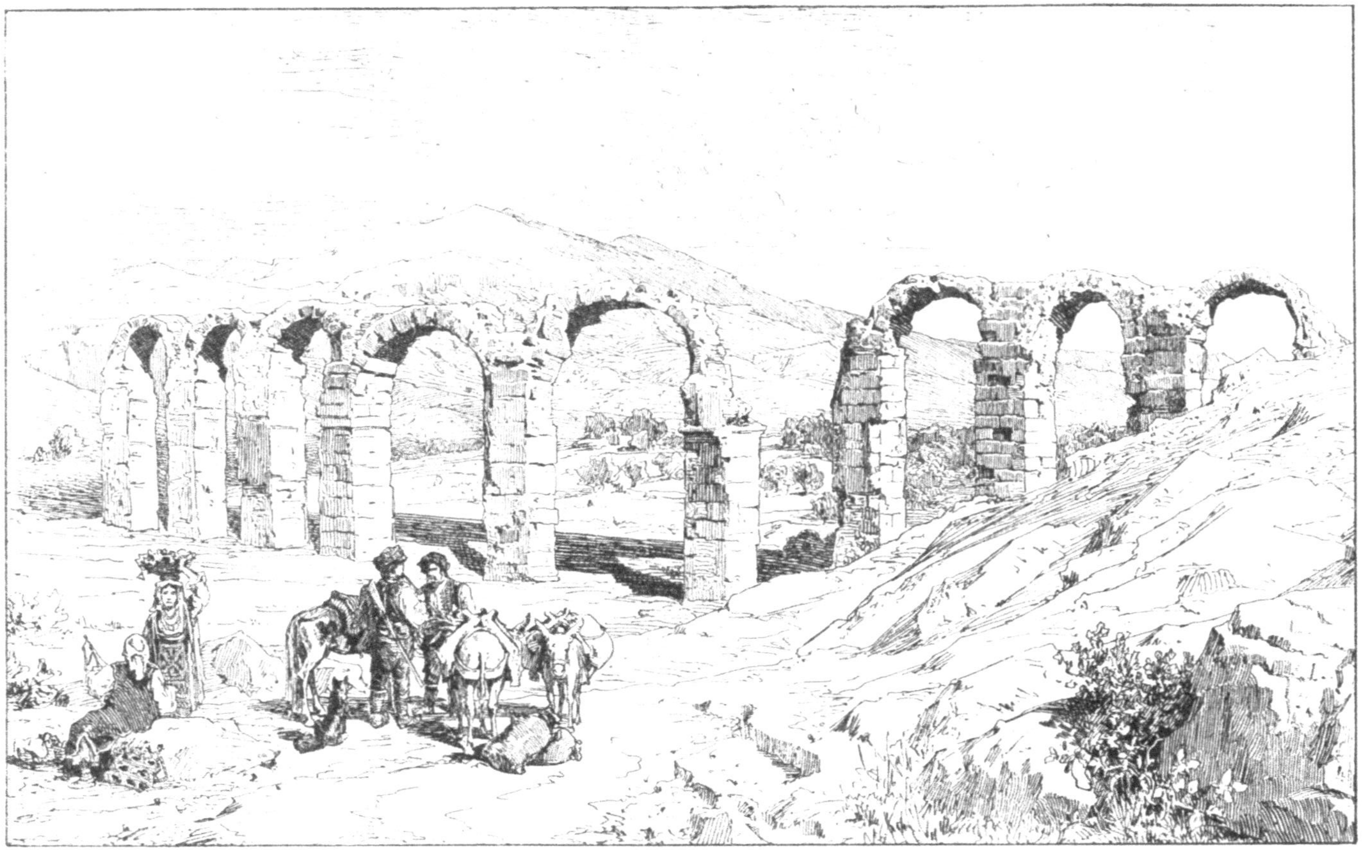

Fig. 929. Römischer Aquädukt von Salona (Dalmatien).

Zeichnung kräftig genug ist. Man nennt dies einen Ton „schließen". Figur 928 B zeigt solche geschlossene Schattenpartien.

Man vermeide es, eine Strichlage über die andere zu setzen, bevor die erste vollkommen trocken ist, weil die Tusche sonst leicht zusammenfließt (Fig. 929).

Das Landschaftszeichnen vor der Natur.

Handelt es sich nur um eine Skizze oder um einzelne interessante Details, die man gelegentlich zu verwenden gedenkt (Fig. 930), so begnügt man sich in der Regel mit einer Zeichnung im Skizzenbuche. Für

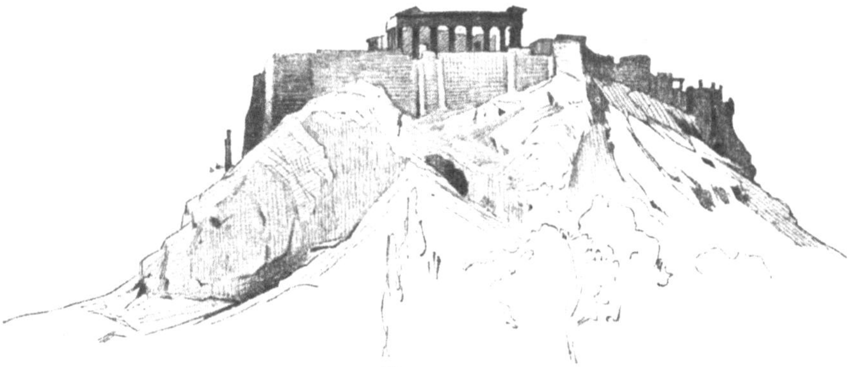

Fig. 930.

den Maler sind solche Zeichnungen von großer Wichtigkeit. Das Skizzenbuch, das er bei seinen Spaziergängen stets bei sich hat, dient ihm häufig dazu, eine unverhofft eintretende Stimmung oder ein malerisches Motiv festzuhalten. Indem er nun eine flüchtige Skizze entwirft, wird er sich oft erst über das Motiv klar.

Für Skizzenbücher eignet sich besonders weiches, geschmeidiges Papier: unsatiniertes oder geschöpftes Schreibpapier. Mit weichem Bleistift sucht man sofort den Effekt vorzubereiten, das Charakteristische des Gegenstandes wiederzugeben und zugleich eine Bildwirkung in die Zeichnung zu bringen.

Gelegentlich studiere man Skizzenbücher guter Meister, kopiere auch das eine oder andere, aber nie viel nach demselben, sonst verfällt man in seine Manier (Fig. 931).

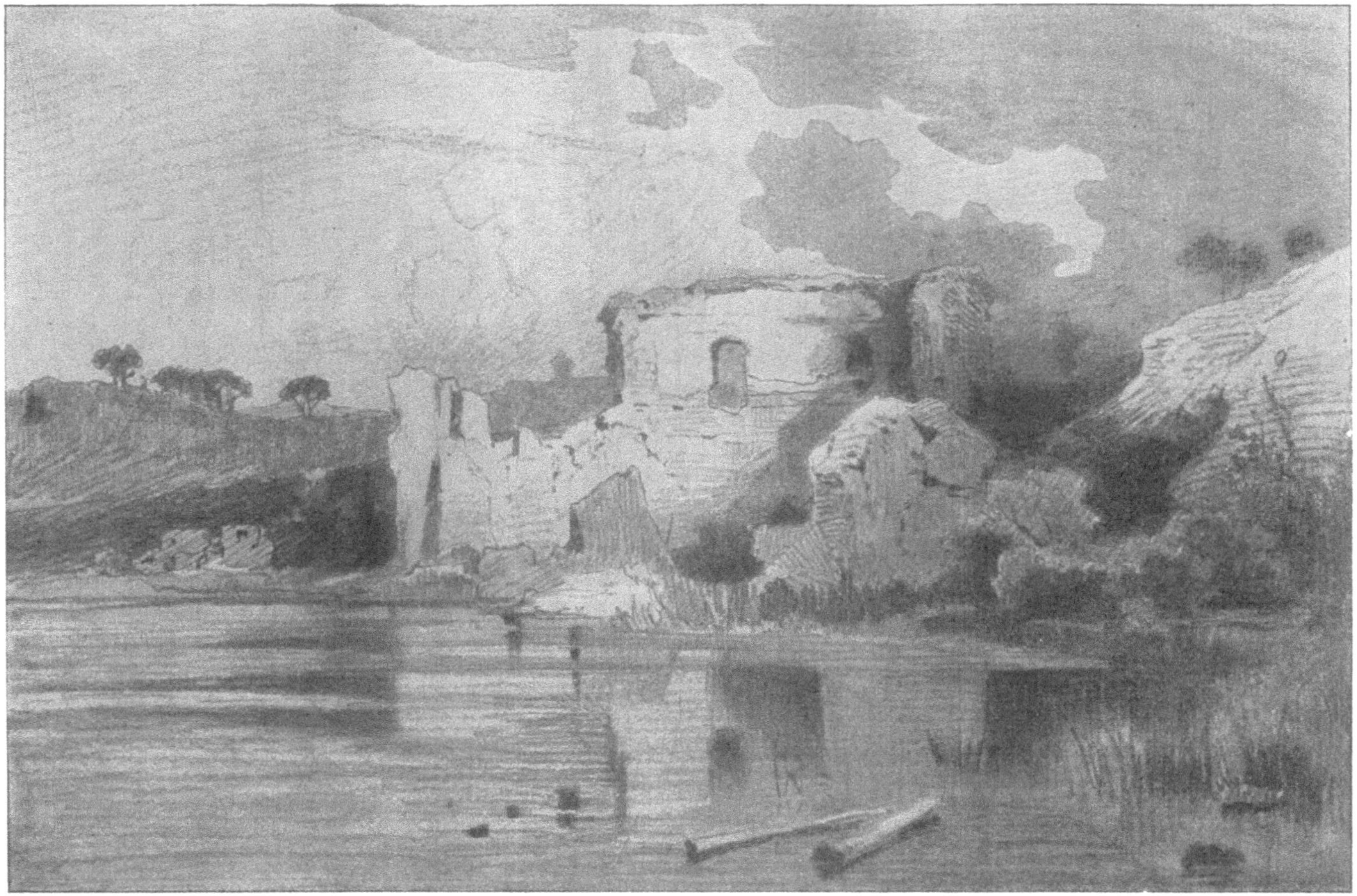

Fig. 931. Reiseskizze.

Dagegen ist das Kopieren von fertigen Zeichnungen nicht zu empfehlen.

Die einzige und beste Lehrmeisterin für den Landschafter bleibt immer die Natur. Zum Beginn wähle man einfache Gegenstände, die nicht auffallenden Beleuchtungsschwankungen unterworfen sind, z. B. Gebäude, einzelne Felsen, einzelne Berge und einzelne Pflanzengruppen.

Nach und nach sucht man nun mehrere Objekte zugleich auf ein Bild zu bringen: eine Gruppe von Bäumen, Häuser, vielleicht mit etwas Fernsicht dazu.

Um die richtigen Verhältnisse der einzelnen Gegenstände zueinander zu ermitteln, was nicht immer auf den ersten Blick gelingt, zieht man im Geiste oder dadurch, daß man einen Bleistift oder ein Lineal horizontal oder vertikal vor sich hält und einzelne Punkte abvisiert, Hilfslinien, die man auf reinem Papiere auch wirklich leicht auftragen kann.

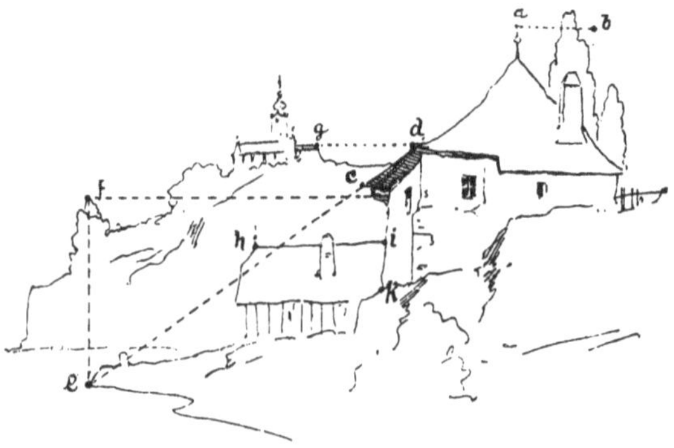

Fig. 932.

Ich beginne z. B. (Fig. 932) meine Zeichnung mit dem kleinen Häuschen rechts und will die danebenstehende Pappel auf ihre Höhe kontrollieren. Daher ziehe ich vom Knopf des Daches eine horizontale Linie a b gegen die Pappel zu und erkenne, daß diese ein klein wenig höher ist als der Knopf, was ich mit freiem Auge vielleicht gar nicht bemerkt hätte.

Um zu kontrollieren, ob die Linie des Daches c d in ihrer Lage richtig ist, verlängere ich diese Linie bis zum Punkt e, der zufällig mit der Spitze des Ufers zusammentrifft. Dieser Punkt wird aber seinerseits kontrolliert durch die Senkrechte e f, welche durch einen bestimmten Teil des Baumes am Hügel gehen muß.

Die Höhe des Dachfirstes der Kirche am Hügel im Hintergrund kontrolliere ich dadurch, daß eine Horizontale g d die Ecke d des schon gezeichneten Daches trifft. Der Dachfirst h i des zweiten Hauses trifft gerade die Seitenwand c k des ersten Hauses in der Mitte bei i. Die Höhe des Punktes f wird durch eine Horizontale bestimmt, welche etwas unterhalb des Punktes c die Wand des Hauses trifft.

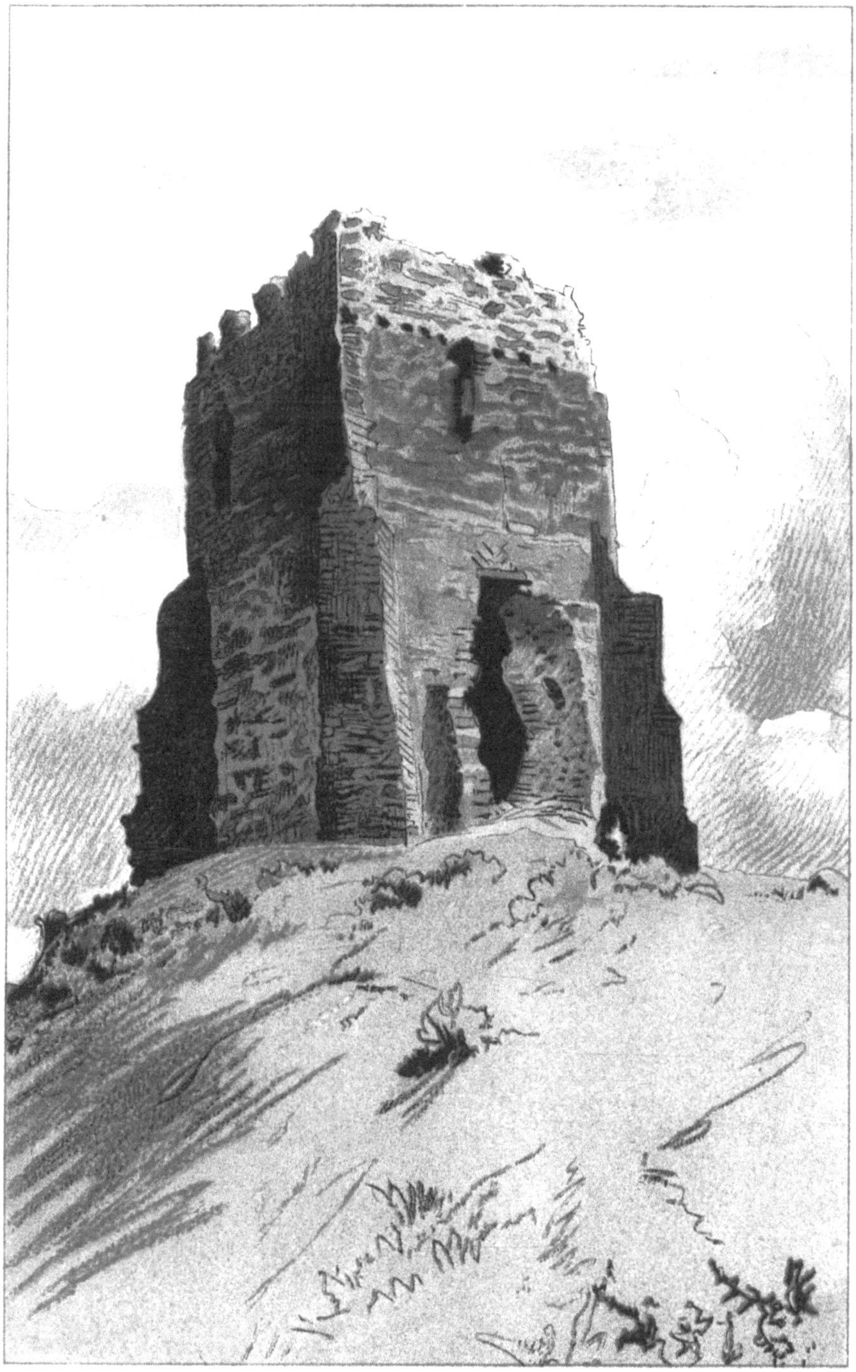

L. H. Fischer: Ovids Turm bei Karansebes
in Ungarn.

Eine Zeichnung, in dieser Weise stets auf ihre Richtigkeit kontrolliert, muß richtig werden.

Anfangs wird man oft überrascht sein, wie das ungeübte Auge täuscht; besonders Berge werden von Anfängern in ihrer Höhe immer überschätzt.

Die Ausarbeitung geschieht so, daß man vorerst die Schatten in ziemlich gleichmäßigen Flächen ihrem Tonwert entsprechend dunkler oder heller anlegt. Zunächst führe man jene Partien im einzelnen aus, die im Schatten liegen, und zeichne die Lichtfläche nur in den Hauptlinien. Denn es geschieht sehr leicht, daß die Lichtflächen durch zu viele Details ihr Licht verlieren. — Eine von der Sonne beschienene Wand hat in der Natur fast gar keine Zeichnung der Details, nur wenige kleine Schlagschatten unterbrechen die große Lichtmasse. Um sich davon zu überzeugen, braucht man diese Wand nur zu betrachten, wenn sie beschattet ist, etwa bei etwas bewölkter Luft durch einen Wolkenschatten. Sofort erkennt man alle Details, die man früher gar nicht bemerkt hatte. Also erreicht man den Effekt des Sonnenscheins nur dadurch, daß man die Lichtflächen möglichst offen hält, d. h. gar keine oder möglichst wenig Details hineinzeichnet.

Indem man weiterschreitet und festhält, daß eine gute Zeichnung eine Malerei in Schwarz und Weiß ist, wird man fortwährend genau abwägen, in welchem Verhältnis die Töne zueinander stehen. Gleichzeitig aber hat man immer die Form festzuhalten; die Zeichnung darf durch das Abtönen nie verloren gehen.

Sehr günstig wirkt es, wenn man die fertige Zeichnung mit Farbe übergeht (siehe Fig. 933) und diese Farbe je nach dem Stoff und der Beleuchtung variiert. So legt man die Luft in den Hintergrund mit mehr graublauen Tönen, die näheren Gegenstände mit mehr ins Braun spielenden Farben an, jedoch immer nur in leichten Tönen, so daß die Bleistiftzeichnung stets durchsieht (Tafel XXXXVI). Auf diese Weise erzielt man mehr Luftperspektive und schließt die Töne durch die Farbe. Wo helle Lichter sind, etwa sonnbeschienene Flächen, läßt man diese wohl auch ganz frei von Farbe. Auf diese Weise wird die Zeichnung zugleich fixiert. Es ist dies die beste Vorbereitung zur Aquarellmalerei. Man gewöhnt sich nach und nach an den Pinsel, hilft der Zeichnung immer mehr durch die Farbe nach, bis endlich das Zeichnen mit dem Bleistift ganz wegfällt und schließlich der Pinsel allein die Herrschaft führt.

Das Malen in Gouache ist eine der bequemsten und wirksamsten Malweisen und bloß in Schwarz und Weiß ausgeführt als Zeichnung zu betrachten. Man bedient sich am besten der in Fläschchen aufge-

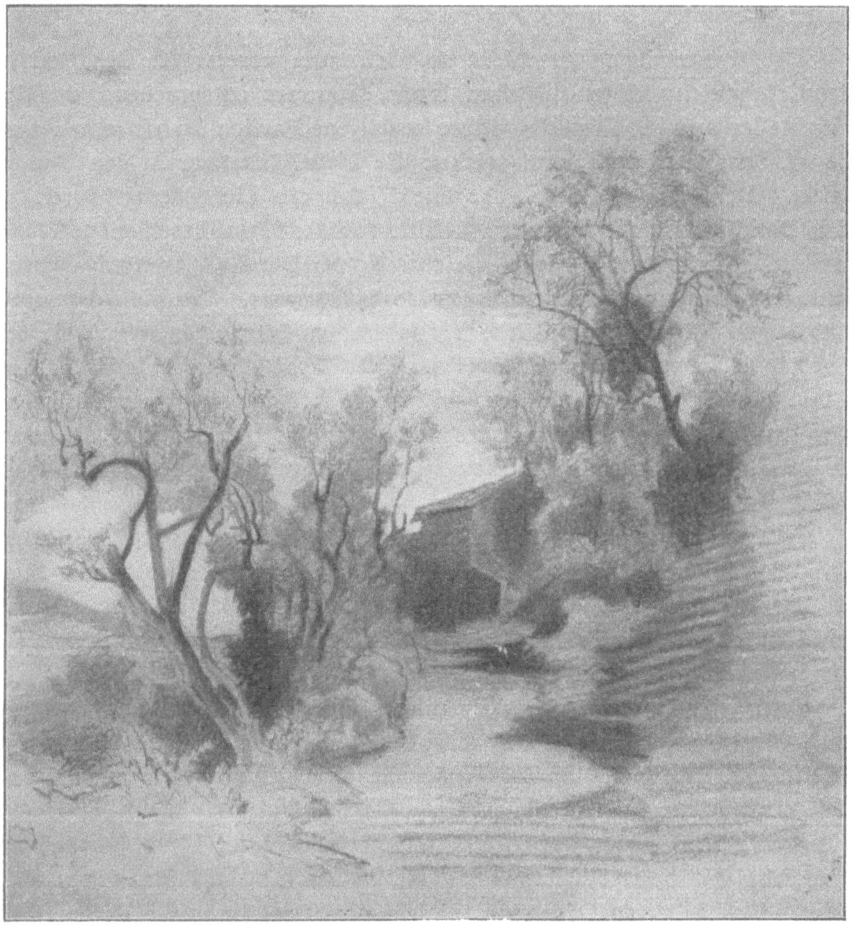

Fig. 933.

lösten Farben „Albanin“ und „Special Process Black“; es genügt aber auch jede andere deckende weiße Farbe und irgend ein Schwarz. Durch Mischen von Weiß und Schwarz erzielt man alle möglichen Nuancen in Grau und malt damit zumeist Naß in Naß mit Borstenpinseln bei größeren Arbeiten, bei kleineren oder bei zarten Objekten mit Haar-

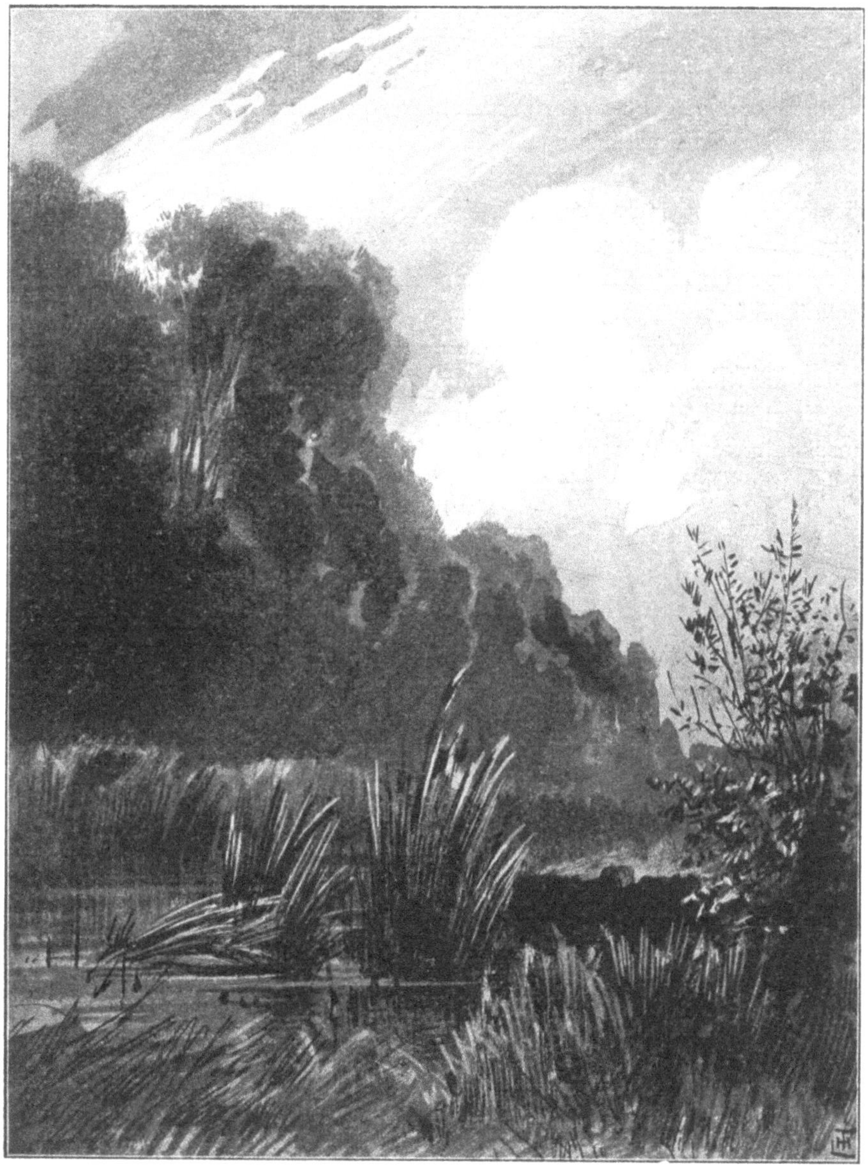

Fig. 934.

pinseln. Besonders eignet sich diese Technik, wenn man effektvolle Stimmungen zu malen hat. Man wählt zu dieser Arbeit am besten ein graues Papier; diesen Papierton kann man oft mit Vorteil gleich benützen und stehen lassen. Überhaupt läßt diese Technik allerlei Behandlungsweisen zu: von der skizzenhaftesten, nur auf Effekt berechneten bis zur feinsten Ausführung.

Auf Figur 934 sind zuerst die dunkleren Töne auf graues Papier mit dem Pinsel gemalt, dann die helleren grauen Töne bis zum hellsten Licht der Wolken aufgesetzt. Zum Schlusse ist mit Feder und Tusche in den tiefsten Stellen noch hineingezeichnet. Man kann bei dieser Technik leicht beliebige Korrekturen anbringen, da die Farbe deckt, in der Regel aber arbeitet man aus den dunkleren Tönen in die lichten, so daß das hellste Licht zum Schlusse aufgetragen wird.

Erscheinen einzelne Töne zu hart, so kann man sie mit einem feuchten Pinsel mit wenig Wasser leicht übergehen, wobei die Töne ineinanderfließen und weich werden.

Detailstudien.

Der Landschaftsmaler muß die Erdoberfläche studieren, die geologischen Verhältnisse so weit kennen, daß er sich über den Charakter der verschiedenen Gesteinsarten klar ist. Eine Landschaft, in welcher das Urgestein als maßgebende Gebirgsformation vorherrscht, wird sich von einer Gegend mit Kalkgebirge wesentlich unterscheiden. Auch in der Botanik sollte der Landschafter so weit zu Hause sein, daß er sich vor Unmöglichkeiten und Unwahrscheinlichkeiten bewahrt. Wenn z. B. ein Maler Pappelrosen neben Iris in einen Garten oder Blumenstrauß malt, so ist dies ein Nonsens, weil die eine der Blumen im Frühjahr, die andere im Herbste blüht.

Wichtig ist ferner eine gute Kenntnis der Bäume, namentlich der des Waldes. Man muß den Baum nicht nur als solchen, sondern auch seinen Charakter auf Grund seines Standorts erkennen. Eine Tanne im Walde, freistehend oder gar auf einsamen Berghöhen wachsend (Wettertannen), sieht jedesmal anders aus. Man studiere genau das Skelett der Bäume, Stamm, Äste und Zweige. Jeder Baum steht, je nachdem sein Holz stark oder schwach, zähe, biegsam oder spröde ist, in einem anderen Verhältnis von Geäste und Laub. Man muß die Bäume im Winter studiert haben, um zu sehen, wie der ganze Charakter des

Baumes sich schon im Geäste ausdrückt und wie eigenartig die Zweige an den Ästen sitzen.

Das Verhältnis, welches die einzelnen Zweige zu den Ästen einnehmen, ist bei jeder Baumart ein ganz bestimmtes. Sodann ist der Stamm eines Baumes so stark als die Summe seiner Äste zusammen, ein Ast so stark als die Summe seiner Zweige. Es wird daher ein Ast an der Gabelung so stark sein, als beide aus ihm entsproßten Abzweigungen zusammengenommen. Aber auch hier gibt es bei einzelnen Pflanzen Ausnahmen, und gerade diese sind dann für die Charakteristik derselben maßgebend.

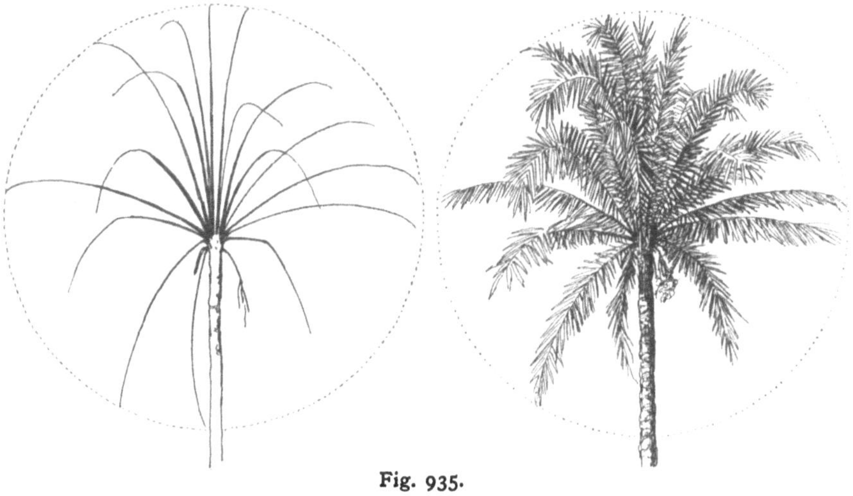

Fig. 935.

Wie die Aststellung für den Charakter eines Baumes von Wichtigkeit ist, so ist es auch die Form der Rinde und die Art, wie sie springt oder sich schält. Jeder Baum hat seine eigene Art Rinde und ist für den Sachkundigen allein schon an dieser zu erkennen, daher muß der Maler auch der Eigenart der Baumrinde seine Aufmerksamkeit schenken (Tafel XXXXIV).

Aber nicht nur die Laubbäume, jede andere Pflanze, welche in der Landschaft eine Rolle spielt, will in Eigenart ihres Wachstums studiert sein. So die Palme, die so oft schlecht gezeichnet wird. So einfach sie in ihrer Form erscheint, so schwierig ist es, wegen der Perspektive ihrer einzelnen Wedel sie richtig zu zeichnen. Diese Arbeit wird aber bedeutend erleichtert, wenn man bedenkt, daß alle Wedel einer Palme

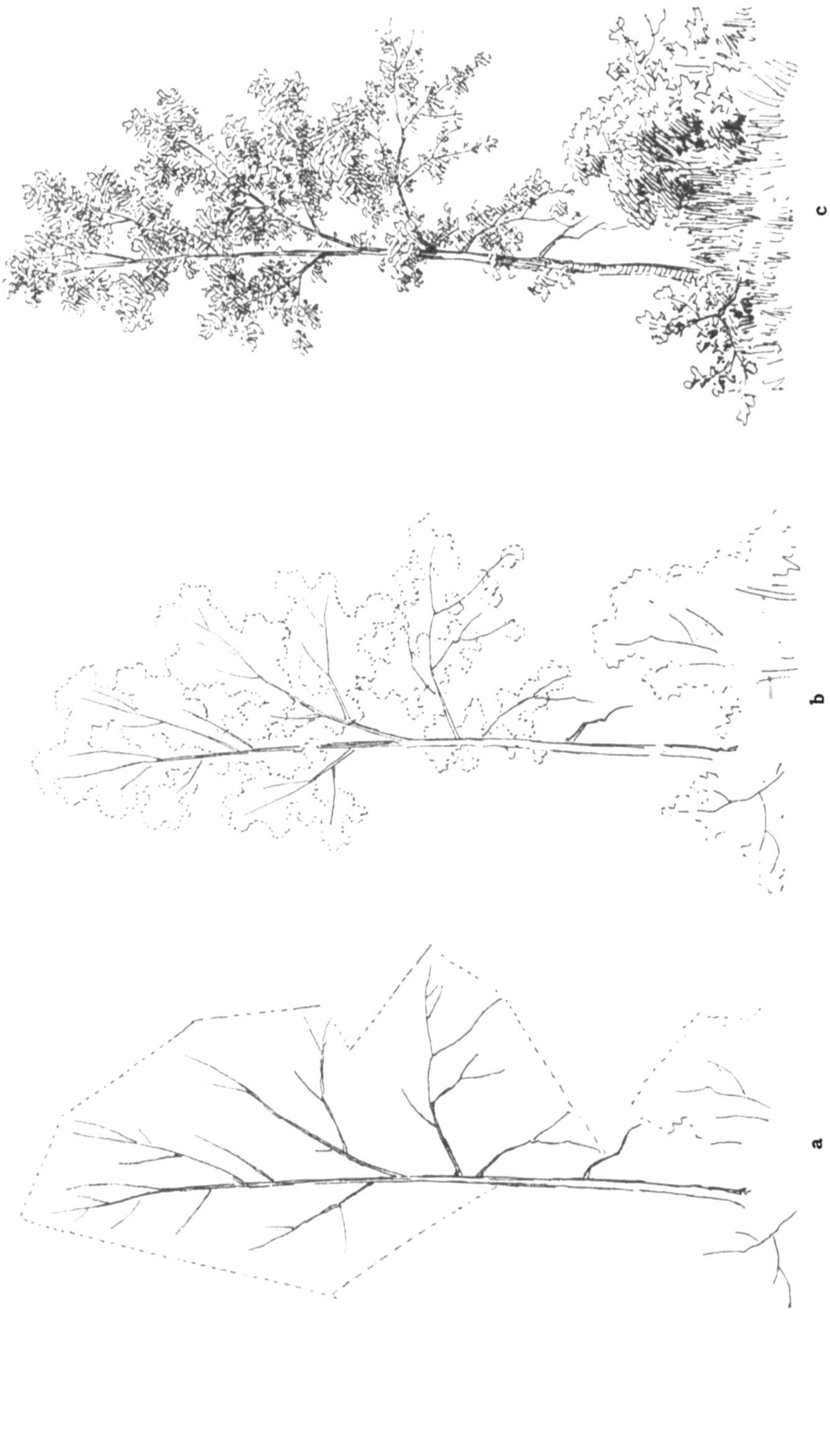

Fig. 936. Junge Esche.

nahezu von einem Punkt ausgehen und in schwachen Bogen mit ihren Enden sich innerhalb einer um sie gedachten Kugel bewegen, da sie alle gleich lang sind. Nur der Wedel in der Mitte, der noch im Wachstum begriffen ist, erscheint kürzer, ist gewöhnlich aber auch gar nicht sichtbar. Hat man die Rippen der Wedel (vgl. Fig. 935) eingezeichnet, so wird man die Blätter mit Leichtigkeit ausführen können.

Um mit Erfolg an Bäumen Detailstudien zu machen, wähle man sich freistehende Bäume und zeichne diese bei ruhigem Lichte, an trüben, windstillen Tagen oder am Abend. In diesen Beleuchtungen drücken sich die Formen am deutlichsten aus. Man zeichne zuerst die Silhouette des Baums über das Holzgerippe desselben, dann die einzelnen Laubpartien in Umrissen ein, deute Licht und Schatten an, dann erst, wenn man auf diese Weise den ganzen Baum skizziert, beginne man mit der Detail-Ausführung (Figur 936a b c).

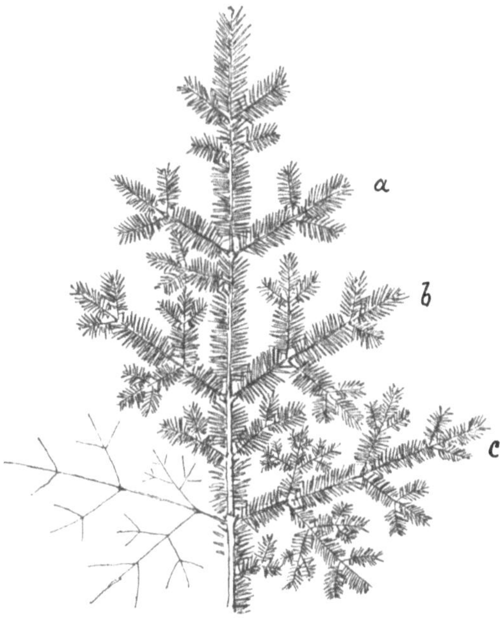

Fig. 937. Ast einer Tanne.

Die Nadelhölzer zeigen den Laubhölzern gegenüber eine weit größere Regelmäßigkeit im Wachstum. Das Nadelholz treibt jährlich nur einen frischen Schößling. Aber nicht nur nach oben verlängert sich der Stamm, auch jeder Zweig setzt alljährlich neue Triebe an. Wenn wir den Ast der Tanne (Fig. 937) betrachten, so bemerken wir, wie nach unten die Verzweigung immer zunimmt. Es wird der Zweig a im folgenden Jahr so aussehen, wie der Zweig b, weil er an jedem Ende eine Gabelung mehr erhält. Ebenso wird der Zweig b im folgenden Jahre wie c aussehen.

Der lange Schößling, welchen der Stamm nach oben treibt, hat an der Spitze mehrere Knospen, aus welchen im nächsten Frühjahr ein neuer Schößling sproßt; die Seitenknospen aber treiben ebensolche horizontale Triebe, aus welchen später die Zweige und Äste entstehen. Auf diese Weise erhält der Stamm in gewissen Abständen Knoten, von welchen aus nach allen Richtungen die Äste auslaufen wie die Speichen eines Rades von der Achse aus (Fig. 938). Bei jungen, ungestört gewachsenen Bäumen läßt sich durch Abzählen dieser Astknoten das Alter des Baumes bestimmen.

Tannen und Fichten unterscheiden sich dadurch, daß die Nadeln der Tanne wie die Zähne eines doppelten Kammes vom Zweige abstehen (siehe Fig. 937), während die der Fichte rund um den Zweig wachsen (Fig. 940). Nur bei Weißtannen und bei jungen Exemplaren tritt der Unterschied im Habitus durch die mehr fächerförmige Ausbreitung der Zweige merklicher hervor.

Bei freistehenden Nadelhölzern bleiben die Äste bis unten belaubt und neigen sich bis zum Boden herab, während sie in geschlossenen Beständen die unteren Äste verlieren, oder wenn Unterholz zwischen Nadelhölzern wächst, denn wo das Nadelholz von anderem Laub berührt wird, stirbt es ab. Auf diese Weise entsteht die schirmförmige Gestalt der Schwarzföhre und der Pinie. Junge Exemplare zeigen eine gewisse Regelmäßigkeit im Wachstum; Bäume indessen, welche freistehen und Wind und Wetter ausgesetzt sind, erhalten oft die abenteuerlichsten Formen.

Charakteristische Abnormitäten im Wachstum muß der Zeichner berücksichtigen, denn sie geben dem Baum und mit ihm der ganzen Landschaft ein eigenes Gepräge. Die Details studieren und das Ganze erfassen ist die Grundbedingung richtiger Wiedergabe.

Viel einfacher als Bäume sind Felspartien zu studieren. Man hat aber auch hier wie beim Baum den Einzelcharakter zu beachten. Denn die Spalten, Sprünge und Risse eines Felsens sind in ihrer Form durch die Gesteinsart bedingt. Kalk, Glimmerschiefer, Sandstein, Gneis (Granit) sind die häufigst vorkommenden Gesteinsarten, zeigen aber unter sich wieder eine Menge Abarten. So zersetzt sich der gewöhnliche Kalk unserer Alpen ganz anders wie jener der Dolomiten (Dolomitenkalk): ersterer bröckelt gewöhnlich in rhomboedrischen Stücken ab und erhält dadurch seine vielgestaltigen Formen, letzterer bricht zumeist in senkrechter Richtung, daher die Dolomitfelsen in der Regel senkrechte Abstürze oder Nadeln bilden. Felsen studiert man am besten im Sonnenschein, weil dann Licht und Schatten, besonders die Schlagschatten, sowie die Form am deutlichsten zum Ausdruck kommen. Auch bedenke

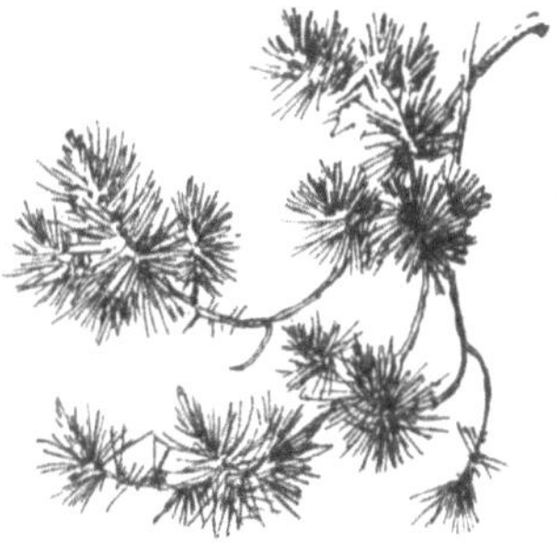

Fig. 940.

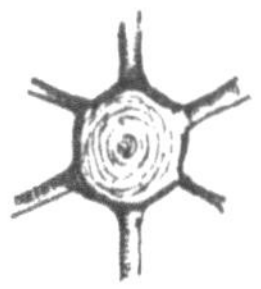

Fig. 938.

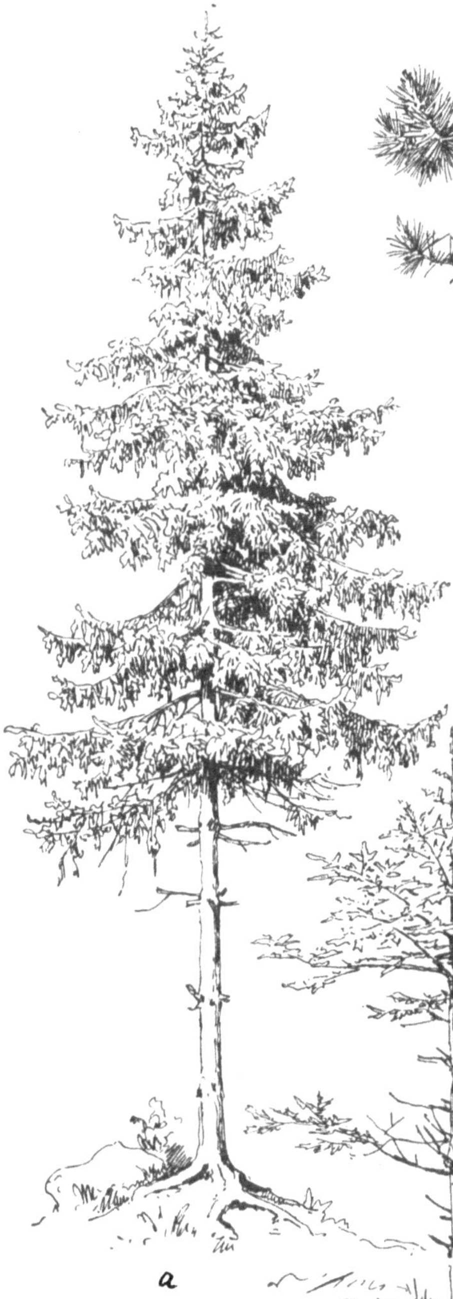
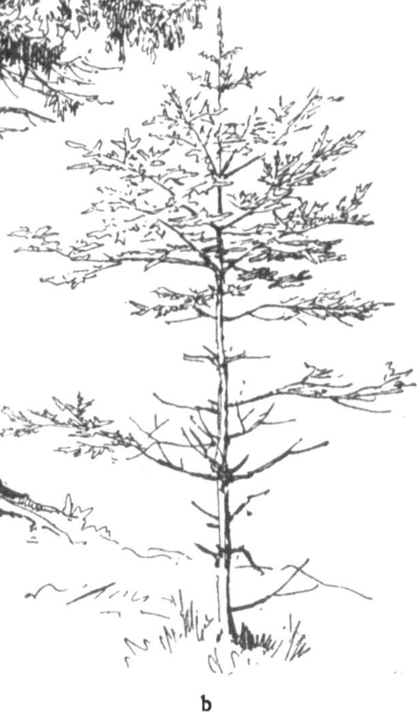

Fig. 939.

man, daß Felsen und Steine immer das Produkt von geologischen Vorgängen sind; deren Erkenntnis bringen die „Terrainstudien" mit sich. Das Gebirge, das zur Zeit seiner Entstehung eine geschlossene Masse bildete, wird atmosphärisch im Lauf der Zeit gespalten, abgeschwemmt und von der Luft zersetzt. Die verschiedenen Gesteinsarten erleiden hierdurch, jede ihrer Natur nach, verschiedene Formveränderungen. Der Maler hat diese nivellierende Tätigkeit der Natur zu beobachten; in seiner Wiedergabe soll man diese Eindrücke wenigstens ahnen, wo nicht erkennen.

Terrainstudien sind ungemein lehrreich, insbesondere in Gegenden, wo wenig Vegetation vorhanden. Dort, wo die Formen im Vordergrund sich durch reiche Details auszeichnen, lernt man Licht, Schlagschatten und Reflexschatten scharf voneinander trennen. Bei jedem Stein, besonders wenn er der Sonne ausgesetzt ist, hat man drei Flächen zu beobachten (Fig. 941). Die Fläche A, auf welche das Licht direkt auffällt, ist die Lichtfläche. Die Schattenseiten B des Steines sind durch die sie umgebenden Lichtflächen des Bodens in Reflexe aufgelöst und erscheinen daher nicht so dunkel als der vom Steine auf den Boden geworfene Schlagschatten C.

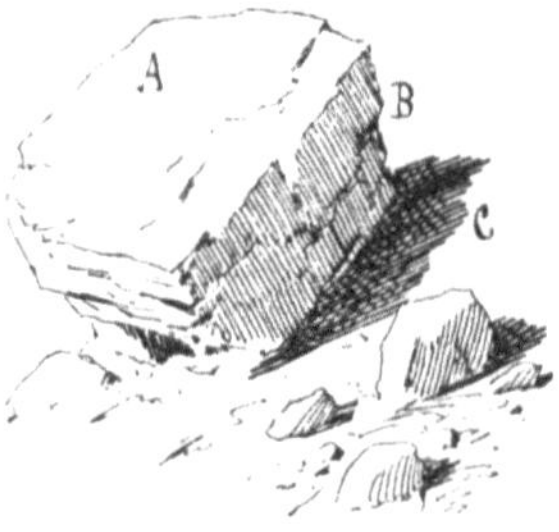

Fig. 941.

Dies gilt von Steinen und Felsen in nächster Nähe des Beschauers; je weiter aber andere Felspartien vom Beschauer entfernt sind, um so mehr wirkt die Luftperspektive mit, und Reflexschatten und die Schlagschatten vereinigen sich zu einem Tone oder unterscheiden sich nur sehr wenig, je nach der Distanz. Bei noch weiterer Entfernung nimmt auch das Licht schon sehr merklich ab durch die dazwischenliegende Luft, die Schatten hingegen verlieren an Tiefe so, daß bei entfernten Bergen die Licht- und Schattenflächen nahezu gleich stark sind und sich eigentlich nur noch durch die ungleiche Farbe trennen, was jedoch in der Zeichnung kaum ausgedrückt werden kann. Die Photographie, welche uns in vielen Dingen als Kontrolle für unser richtiges Sehen und Beobachten dienen kann, beweist uns auch diesen Fall; denn tatsächlich erscheinen entfernte Berge stets nur als Silhouetten ohne weitere Detailzeichnung (Fig. 942 und 943).

Gründliche Detailstudien von Felspartien oder von ausgedehnten Terrains sind nicht genug zu empfehlen. Dieselben führt man zweck-

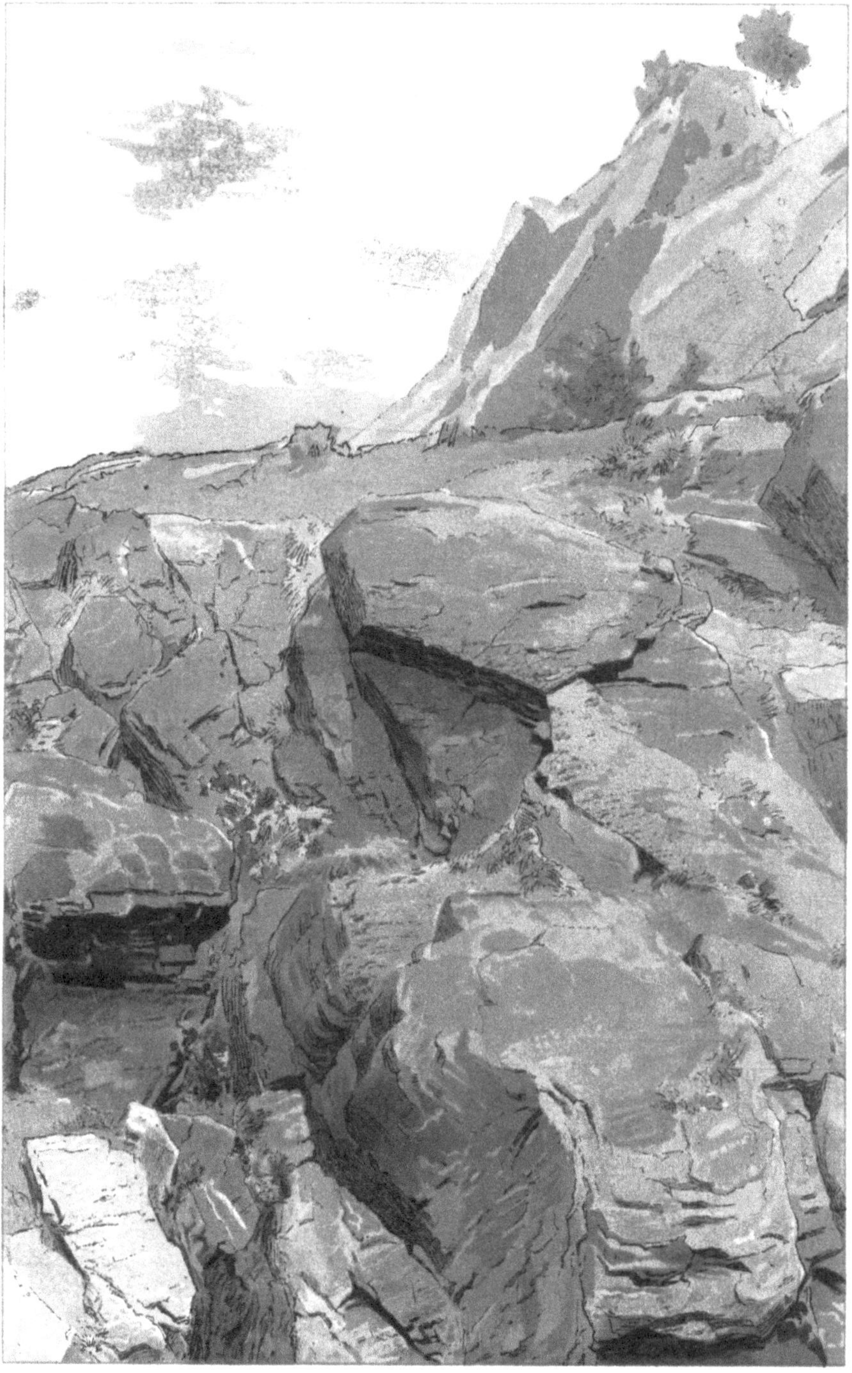

L. H. Fischer: Felsstudie an der Donau.

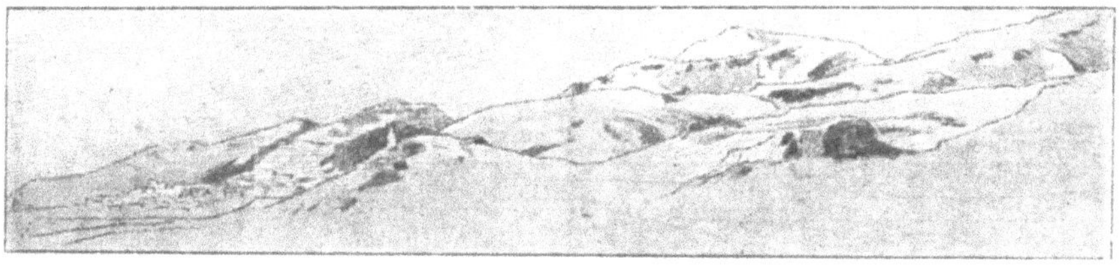

Fig. 942. Terrainstudie.

mäßig mit der Feder aus; hilft man dann mit der Farbe, in einer oder in mehreren Farben, nach, so kann man hierdurch der Natur außerordentlich nahe kommen.

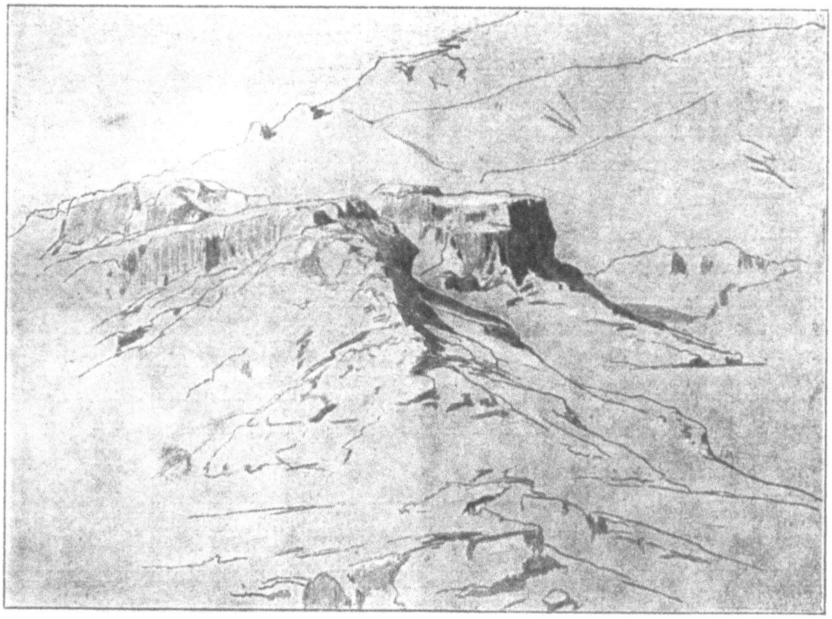

Fig. 943. Terrainstudie aus Kalimnos.

Tafel XXXXVII zeigt ein Beispiel von Detailfederzeichnung, mit Farbe übergangen.

Es ist übrigens nicht leicht, stets einen geeigneten Vorwurf zu einem wahrhaft malerischen Landschaftsbild zu finden. Was uns eine Landschaft als malenswertes Objekt, als Bild erscheinen läßt, ist eben ein harmonisches Zusammenwirken von Licht- und Schattenflächen oder von

Farbenflecken. Der Gegenstand als solcher kommt erst in zweiter Linie in Betracht.

Die moderne und modernste Kunst tut sich viel darauf zu gut, auf den zu malenden Gegenstand als solchen gar keine Rücksicht zu nehmen, ja vermeidet es absichtlich, das, was wir als Gegenstand für sich schön nennen, in das Bild zu bringen. Ja sie geht so weit, es als einen Fehler anzusehen, wenn der Maler seinem Bilde einen Namen geben kann. Diese Kunstanschauung ist wohl nur zu fassen als ein Protest wider die allzu häufigen „erzählenden Bilder", denen ein gewisser Vorgang als leitendes Motiv zugrunde lag. Viele moderne Maler verweisen diese Kunst mit Recht auf das illustrative Gebiet. Das Richtige liegt wohl auch hier in der goldenen Mitte. Es handelt sich in der Regel nur darum, ein Stück Natur so herauszuschneiden und festzuhalten, daß seine malerische Wirkung zu voller Geltung kommt.

Ein sehr einfacher Hilfsapparat erleichtert uns diese Aufgabe sehr. Man nehme einen rechteckig ausgeschnittenen Karton, etwa wie das Passepartout zu einer Photographie in Visitenkartenform. Durch diesen Rahmen besehe man sich das zu malende Objekt: dadurch erscheint es abgeschlossen, was allein schon ein großer Vorteil ist. Indem man nun den Rahmen mehr oder weniger vom Auge entfernt, wird der Gesichtskreis weiter oder enger. So stellt man sich die Abgrenzung seines Bildes fest, bis man sich darüber klar ist, welcher Teil festgehalten werden soll und in welcher Weise. Durch dieses Verfahren sichert man sich davor, nachträglich erst einzusehen, daß das Bild ganz anders hätte aufgefaßt werden sollen, daß es besser gewesen wäre, anstatt eines Querbildes ein überhöhtes Bild zu schaffen.

Hat man so die Umgrenzung seines Bildes festgestellt, so macht man sich erst eine kleine Skizze, und ist man über sein Bild ganz im klaren, dann beginnt man erst mit der wirklichen Ausführung desselben.

Optische Täuschungen beim Landschaftszeichnen.

Es kommt dem Zeichner und Maler oft genug vor, daß Linien und Flächen, ja wirkliche Gegenstände und deren Farben ganz anders erscheinen, als sie in Wirklichkeit sind. Strenggenommen beruht die Perspektive selbst auf einer optischen Täuschung. Eine nach allen Regeln der Kunst und Perspektive ausgeführte Zeichnung ist sehr oft nicht die richtige; der feinfühlige Künstler ist häufig gezwungen, etwas

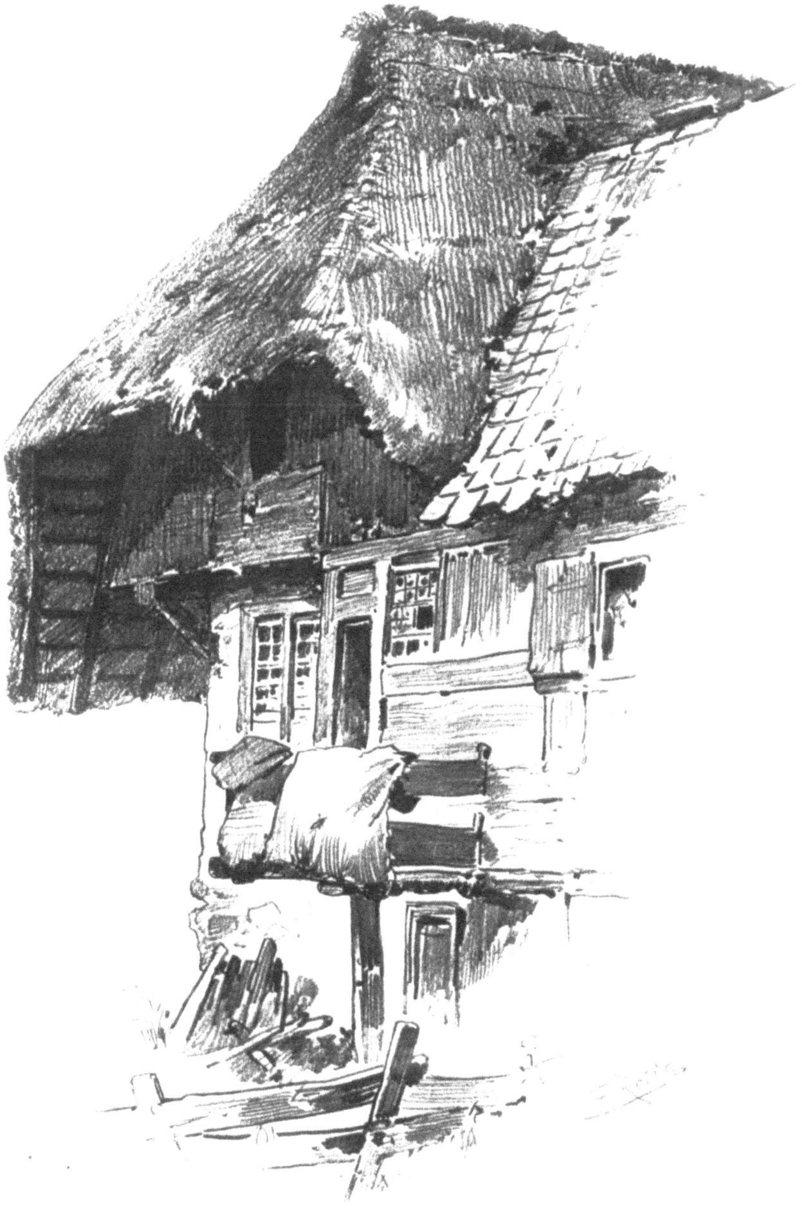

F. Reiss: Schwarzwälder Bauernhaus.

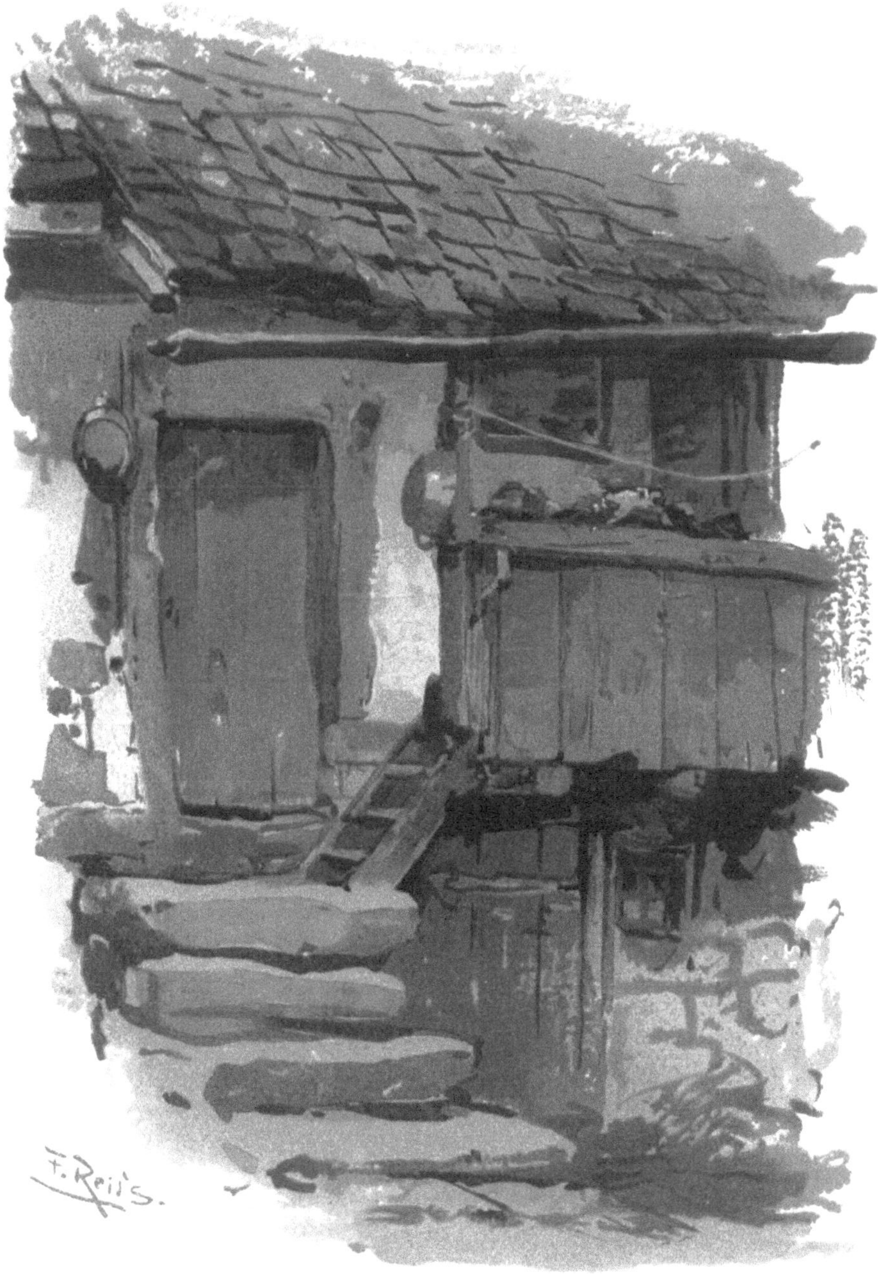

F. Reiss: Bauernhaus in Fellbach.

anderes zu machen, als es wirklich ist, zu übertreiben, damit er den Eindruck der Wahrheit hervorbringt.

Eine der wichtigsten optischen Täuschungen ist die, daß eine helle Fläche größer erscheint als dieselbe in Schwarz. In Figur 944 erscheint das weiße Feld größer, breiter als die schwarzen, obwohl es genau ebenso groß ist. Wollte ich eine Fläche mit Streifen bedecken, deren einer schwarz, die anderen weiß sind, so daß sie gleich breit erscheinen, so müßte ich die weißen Streifen schmäler zeichnen, um diesen Eindruck zu erzielen.

Fig. 944.

Wichtig ist auch die Tatsache, daß spitze Winkel von unserem Auge stets überschätzt, daher auch stumpfe unterschätzt werden. Je spitzer der Winkel, um so größer ist die Täuschung. Die Linie A, B

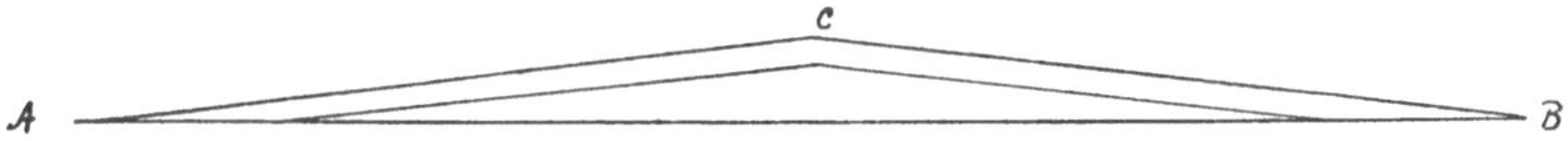

Fig. 945.

(Fig. 945) erscheint durch die beiden spitzen Winkel abwärts gekrümmt, und die beiden Enden bei A und B scheinen sich zu heben.

Noch auffallender gestaltet sich diese Erscheinung, wenn man mehrere spitze Winkel auf eine Linie wirken läßt. Als Beispiel diene Figur 946, worin die gerade Linie durch Durchschneiden mit schiefen

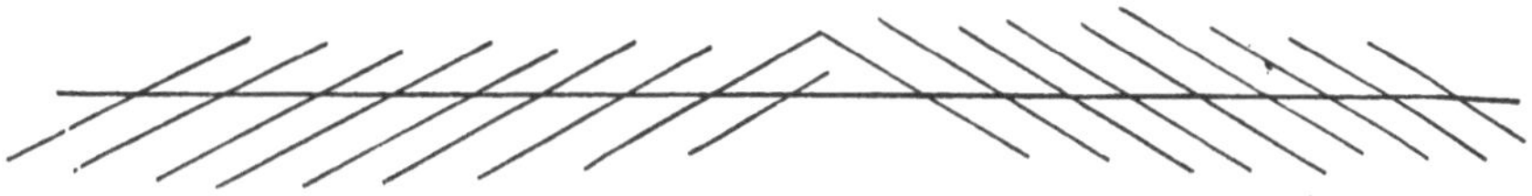

Fig. 946.

Linien in diesem Falle aufwärts gebogen erscheint, wären die Querstriche aber in umgekehrter Richtung, nach abwärts. Die durchschnittene Linie neigt sich immer nach jener Seite, wo die spitzen Winkel anliegen. Ein ähnliches Beispiel gibt Fig. 947, wo die vier parallelen Linien a b c d durch schiefe abwechselnd in verschiedene Richtungen durchschnitten werden und daher nichts weniger als parallel erscheinen. Dasselbe tritt ein, wenn die Linien die Parallele nicht durchschneiden wie in Figur 948. Was hier von geraden Linien gesagt ist, gilt auch für krumme, nur ist der Effekt selten so augenfällig. Man würde bei Figur 949 nicht vermuten, daß der Kreisbogen, welcher durch zwei parallele Linien bei a durchschnitten wird, zur anderen Seite bei b zum Vorschein kommt, sondern denkt sich denselben ganz anderswo austreten.

Es ist freilich nicht schwer, solchen störenden Täuschungen entgegenzutreten. Die parallelen Linien in Figur 948 würden parallel bleiben, wenn ich alle Durchkreuzungslinien gleichfalls nach einer Richtung gezogen hätte. Manchmal bleibt aber kein anderes Mittel als die Linie,

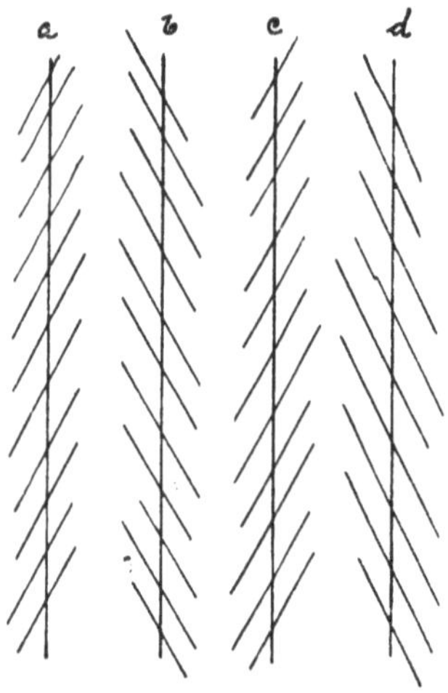

Fig. 947.

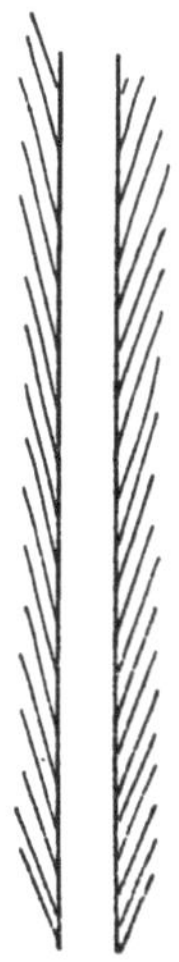

Fig. 948.

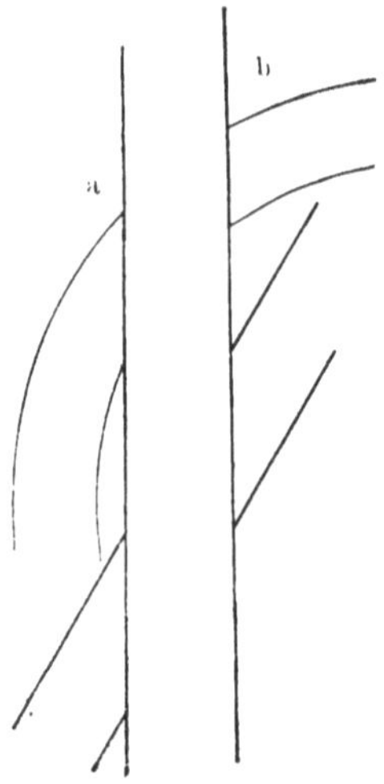

Fig. 949.

die schief oder gebrochen erscheint, nach der anderen Richtung schief zu zeichnen, damit sie richtig erscheint.

In ähnlicher Weise wirken Winkel auch auf die Abschätzung von Entfernungen. Wenn ich (Fig. 950) eine gerade Linie in zwei gleiche Hälften teile und die Teilstriche nach verschiedenen Richtungen schief ziehe, so erscheinen die beiden Hälften ungleich groß. Dasselbe gilt (Fig. 951a, b) von zwei gleich langen Linien, denen ich Winkel nach innen und außen ansetze. Die Entfernungen erscheinen dadurch ungleich groß, d. h. die Linien verschieden lang.

Irrig ist die Meinung, als ob durch Schraffierung überhaupt solche Täuschungen hervorgebracht würden. In Wirklichkeit sind es aber zumeist die Winkel, oft beide Umstände vereint, welche die Täuschung verursachen. Ein Halbkreis sei von seinem Zentrum aus durch Linien in gleich große Felder, fächerförmig geteilt und jedes zweite Feld vom Zentrum aus fein strahlenförmig schraffiert, während die dazwischenliegenden Felder weiß blieben: die weißen Felder werden in diesem Falle kleiner erscheinen. Zwar sollten die weißen Felder größer wirken als die durch Schraffierung dunkel gemachten; in diesem Falle aber ist die Wirkung der vielen kleinen Winkel die stärkere. Man kann sich leicht davon überzeugen, wenn man den Versuch macht, zwei Halbkreise in zwei gleiche Teile zu teilen: in einem derselben macht man das eine der rechtwinkeligen Felder, welche durch die Teilung entstehen, schwarz, bei dem anderen zieht man möglichst viele Teilungslinen vom Teilungspunkte nach der Peripherie des entsprechenden Feldes. Da nun, wo das eine Feld schwarz, das andere weiß ist, wird das weiße Feld größer erscheinen, hingegen da, wo das eine Feld in viele Winkel geteilt ist, kleiner, weil sich die senkrechte Teilungslinie nach der weißen Seite hinzuneigen scheint, der rechte Winkel durch die vielen kleinen Winkel größer als 90⁰ erscheint.

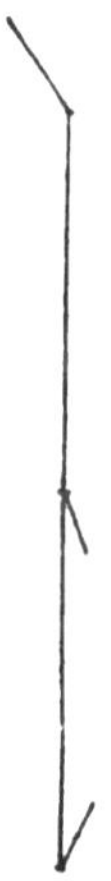

Fig. 950.

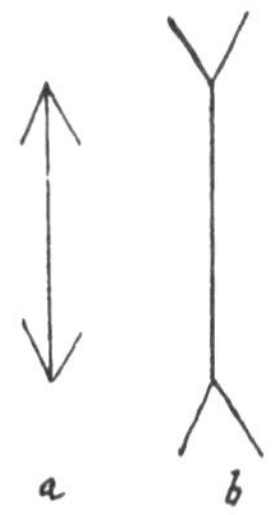

Fig. 951.

Der Maler hat aber noch mit vielen anderen optischen Täuschungen zu rechnen; solche sind alle fatamorganischen Erscheinungen, welche in geringem Maße häufiger als man denkt in der Natur vorkommen und ihre Ursache in der Regel in verschieden erwärmten Luftschichten

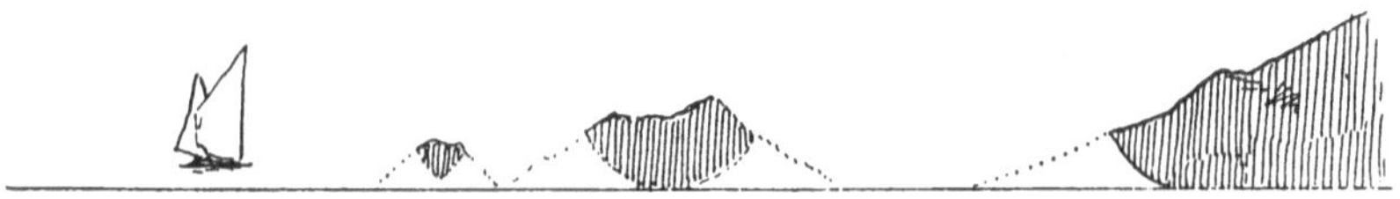

Fig. 952.

haben. Besonders an Seen kommen solche Erscheinungen häufig vor, so daß Inseln und Schiffe über dem Wasser zu schwimmen oder die Ufer gegen das Wasser zu aufzusteigen scheinen (Fig. 952). Besonders in südlichen Gegenden treten solche Erscheinungen häufig auf.

Solche optische Täuschungen gibt es noch in Menge und sind nur deshalb hier erwähnt, weil sie dem Zeichner und Maler auf Schritt und Tritt entgegentreten in der Linie sowohl wie in der Farbe. Der Zeichner muß stets mit ihnen rechnen, gerade so wie er sich nicht zu sehr auf die konstruierte Schulperspektive verlassen kann, die mit einem Augenpunkt und ebener Bildfläche rechnet, während in Wirklichkeit das Bild mit zwei Augen gesehen wird, die gekrümmte Flächen zur Aufnahme des Bildes haben. Der Maler, der bewußt solche Korrekturen vornimmt und von der Konstruktion abweicht, nennt dies „Gefühlsperspektive", d. h. jene Perspektive, die unserem Gefühle mehr entspricht als die noch so genau konstruierte.

XV

Das Zeichnen des menschlichen Körpers

Von

Adolf Möller

Kolibri 360 GmbH
Ferdinand-Jühlke-Straße 7
99095 Erfurt, Deutschland
produktsicherheit@kolibri360.de